REAL LIFE MATHS CHALLENGES

数学思维来帮忙

  恐龙专家

[美] 约翰·艾伦/著　陈莹/译

U0392319

北京时代华文书局

图书在版编目（CIP）数据

数学思维来帮忙. 恐龙专家 / （美）约翰·艾伦著；陈莹译. — 北京：北京时代华文书局，2020.12
ISBN 978-7-5699-4012-1

Ⅰ. ①数… Ⅱ. ①约… ②陈… Ⅲ. ①数学—儿童读物 Ⅳ. ①O1-49

中国版本图书馆CIP数据核字(2020)第261936号

北京市版权局著作权合同登记号 图字：01-2019-4693

Original title copyright:©2019 Hungry Tomato Ltd
Text and illustration copyright ©2019 Hungry Tomato Ltd
First published 2019 by Hungry Tomato Ltd
All Rights Reserved.
Simplified Chinese rights arranged through CA-LINK International LLC
(www.ca-link.cn)

拼音书名 | SHUXUE SIWEI LAI BANGMANG KONGLONG ZHUANJIA

出 版 人 | 陈 涛
选题策划 | 许日春
责任编辑 | 沙嘉蕊
责任校对 | 薛 治
装帧设计 | 孙丽莉
责任印制 | 訾 敬

出版发行 | 北京时代华文书局 http://www.bjsdsj.com.cn
北京市东城区安定门外大街138号皇城国际大厦A座8层
邮编：100011 电话：010-64263661 64261528
印 刷 | 河北环京美印刷有限公司 电话：010-63568869
（如发现印装质量问题，请与印刷厂联系调换）
开 本 | 889 mm×1194 mm 1/16 印 张 | 2 字 数 | 30千字
成品尺寸 | 210 mm×285 mm
版 次 | 2023年7月第1版 印 次 | 2023年7月第1次印刷
定 价 | 224.00元（全8册）

版权所有，侵权必究

目 录
Contents

让我们开始挖掘

你有一份令人羡慕的工作——你是恐龙专家！恐龙生活在数千万年前，你试图找到它们的骨头、蛋和脚印，这些被称为化石。化石提供线索，帮助你发现恐龙是如何生活的。

恐龙专家是做什么的？

寻找埋藏了数千万年的骨头。

为博物馆准备好你找到的化石。

在博物馆展示你的发现。

但你知道恐龙专家有时不得不运用数学知识吗？

在这本书中，你会发现恐龙专家每天都要解决的数学难题。你还有机会回答关于化石的数学问题，并发现很多关于恐龙的秘密。

书里写了什么？

找出在忙碌的一天里你需要做什么

回答问题并提高数学技能

观察恐龙化石

图和表格可以回答你的数学问题

骨头的线索

你正在收集发现的其他骨头碎片，然后发现有东西半埋在沙子里，看起来好像是霸龙腿的一部分。

12 其中一块骨头长50厘米，如果这是一半骨头的长度，那么整根骨头有多长？

骨头的长度

你收集了3块恐龙骨头，然后画了一张草图，记下每块骨头的长度。

13 把骨头按照从最长到最短的顺序排列好。

现在你找到了一颗牙齿，看起来像是来自最大的肉食性恐龙——霸王龙。

14 测量一下这颗牙齿，它的长度是多少？
（第30页有小提示，可以帮你回答这个问题。）

查看这个图表，它可以告诉你哪些是肉食性恐龙，哪些是植食性恐龙。

15 表里有多少种肉食性恐龙？

16 总共有多少种恐龙？

如果你被问题难住了，第30—31页有一些提示可以帮助你

你需要纸、铅笔和一把尺子。别忘了带铲子！我们出发吧！

与恐龙同行

寻找恐龙骨头并不像你想象的那么难，数千万年前，恐龙在地球上游荡，它们留下了化石，包括脚印、蛋和骨头。

恐龙生活的时代被分为三个不同的时期。

○ 白垩纪
● 侏罗纪
● 三叠纪

这张地图显示了恐龙化石被发现的地点和恐龙生活的年代。

1 三叠纪遗迹有多少个？

2 哪个时期的遗迹最多？

生活在不同年代的恐龙

剑龙生活在1.5亿年前　　　板龙生活在2.1亿年前　　　　　棘背龙生活在9500万年前

3 哪种恐龙生活的年代最久远？

（第30页有小提示，可以帮你回答这个问题。）

　　有些恐龙成群结队地四处走动，被称为兽群。这些群体可能非常庞大。化石挖掘研究人员在一个地方发现了多达30具恐龙骨骼的化石。

4 试着把同样的数加很多次，得到30。

A. 30个1

B. 3个10

C. 多少个2？

5 你觉得这个脚印在箭头方向上能放多少只手？

1只　　　2—3只　　　3只以上

你来到沙漠中的一个地方，地面布满岩石。你发现了一个巨大的脚印。它可能是肉食性恐龙留下的，也许是异特龙？

谁的脚印？

你必须找出是哪种恐龙留下的脚印，你可以在书上查一下，这是异特龙的脚印。

6 异特龙的每只脚上都有3个脚趾。异特龙总共有多少个脚趾？

7 异特龙从鼻尖到尾巴末端约长10米。如果它的尾巴有4米长，那么其余的部分有多长？

（第30页有小提示，可以帮你回答这个问题。）

然后你需要把脚印做成石膏模型。

步骤：

1. 把石膏和水混合，每包石膏用1升水。
2. 把混合物倒进脚印里。
3. 等5分钟让石膏变干。
4. 取出石膏模型。

8 制作1个模型需要15分钟。等待石膏变干的时间占几分之几？

（第30页有小提示，可以帮你回答这个问题。）

9 如果你用3包石膏，需要多少升水？

10 如果每只前脚做8个石膏模型，每只后脚做3个石膏模型，你总共要做多少个模型？

11 现在，你计划绘制出一张脚印发现地图。从左后的脚印开始，向上移动两个正方形，向右移动两个正方形，你找到了哪个脚印？

右前

左前   右后

左后

骨头的线索

你正在收集发现的其他骨头碎片，然后发现有东西半埋在沙子里，看起来好像是暴龙腿的一部分。

12 其中一块骨头长50厘米。如果这是一半骨头的长度，那么整根骨头有多长？

骨头的长度

你收集了3块恐龙骨头，然后画了一张草图，记下每块骨头的长度。

前腿骨	髋骨	后腿骨
1米	2米	20厘米

13 把骨头按照从最长到最短的顺序排列好。

（第30页有小提示，可以帮你回答这个问题。）

现在你找到了一颗牙齿，看起来像是
来自最大的肉食性恐龙——棘背龙。

14 测量一下这颗牙齿。它的长度是多少？

（第30页有小提示，可以帮你回答这个问题。）

查看这个图表，它可以告诉你哪些是肉食性恐龙，
哪些是植食性恐龙。

15 表里有多少种植食性恐龙？

16 总共有多少种恐龙？

植食性恐龙
梁龙
剑龙
三角龙
禽龙

肉食性恐龙
暴龙
窃蛋龙
迅猛龙

暴龙重达6吨，
这大约相当于200个
10岁孩子的体重！

化石发现

接下来，你去了一些悬崖。这是发现海洋生物化石的好地方。你要找的是菊石化石，菊石与恐龙生活在同一时期；还有三叶虫化石，三叶虫的出现比菊石早了数千万年。三叶虫的种类超过10 000种。它们身长从2厘米到50厘米不等。

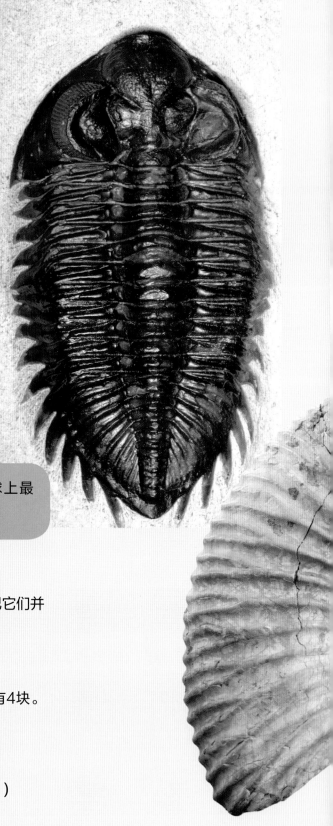

三叶虫是地球上最古老的动物之一。

17 以下哪几项表示50厘米？

A. 0.5米

B. $\frac{1}{2}$米

C. $\frac{1}{4}$米

D. 1米

E. 5个10厘米

18 你发现3块菊石化石，每块直径20厘米。你把它们并排放在一个盒子里。你需要至少多长的盒子？

19 你又装了一个盒子，里面有3行化石，每行有4块。盒子里有多少块化石？

（第30页有小提示，可以帮你回答这些问题。）

看看这张岩石的照片。你认为这张照片里有多少块菊石化石？

20

A. 大约5块

B. 大约10块

C. 大约25块

（第30页有小提示，可以帮你回答这个问题。）

菊石化石

数一数你找到的化石

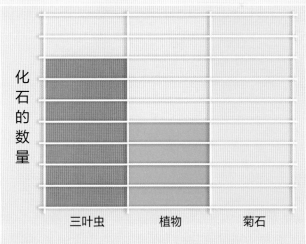

化石的数量

三叶虫　　植物　　菊石

21

你发现了4块植物化石、9块菊石化石和6块三叶虫化石。你画了一个图表记录下你的发现，但是你犯了一个错误。看看这张图，你能找出其中的错误吗？

去博物馆

你把化石带到了博物馆。

你在博物馆第一眼看到的是巨大的暴龙骨架。这只恐龙用后腿移动，它有50—60颗牙齿。

22 下面这些数字哪些在50到60之间？
53　62　75　57　65　49

暴龙有一个巨大的脑袋，它的头骨长一米多。

（第30页有小提示，可以帮你回答这个问题。）

暴龙很大，但它不是最重的恐龙，许多植食性恐龙的体重要比它重得多。

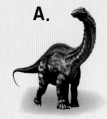

A.
迷惑龙
30—38吨

B.
三角龙
6—12吨

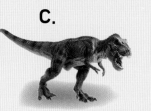

C.
暴龙
5—7吨

D.
腕龙
33—48吨

23 把这些恐龙按照从最轻到最重的顺序排列。每种恐龙都以最大重量算。

博物馆里你最喜欢的展品之一是迷惑龙。它完全成年需要大约10年的时间，寿命最长可以到100年。

24 100有多少个10?

迷惑龙有一个长长的脖子，它很容易够到树顶上的东西。

25 三角龙是植食性恐龙。它的脸上有三个角，帮助它抵御像暴龙这样的肉食性恐龙。

三角龙生活在北美，它靠吃灌木和树木生活。

博物馆展出了5只三角龙，总共有多少个角?

（第30页有小提示，可以帮你回答这个问题。）

对化石进行标记

你把化石带到博物馆的储藏室，接下来你必须给每一块骨头、牙齿、脚印化石都贴上一个带有代码的标签。

A排	A2	A4		A8
B排	B3		B9	B12
C排	C10	C15	C20	

26 从下面选择正确的标签来填充到上面每一排的空白处。

A1 C26 B8 B6 A6 C25

你还必须测量你发现的每一块化石。下面是一些你使用的测量工具。

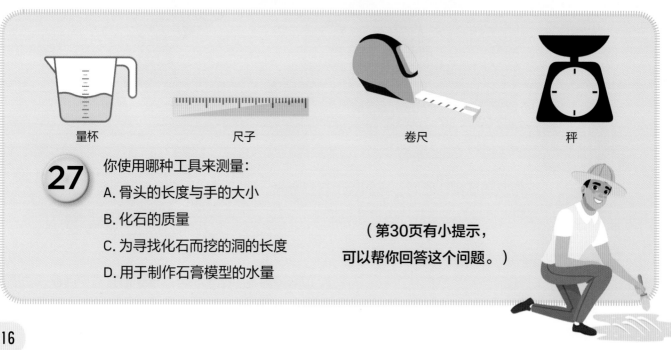

量杯　　　　　尺子　　　　　　卷尺　　　　　秤

27 你使用哪种工具来测量：

A. 骨头的长度与手的大小

B. 化石的质量

C. 为寻找化石而挖的洞的长度

D. 用于制作石膏模型的水量

（第30页有小提示，可以帮你回答这个问题。）

7　3　10　2　9　8　1　6　13　11　5　4　12　14

你现在要把剑龙的模型拼在一起。剑龙背上的骨板模型已经被贴上了标签，每个骨板都有编号，以便放在正确的位置。

28 你能把骨板分成两行吗？一行是奇数，一行是偶数。

（第30页有小提示，可以帮你回答这个问题。）

如果剑龙站立着，它可能会使用骨板保持身体温暖，因为太阳能照在它的骨板上。

查看足迹化石

你取出用恐龙脚印做的石膏模型，你能利用这些模型获得更多关于恐龙的信息吗？你想知道它有多高、移动有多快吗？

29 你可以通过恐龙的足迹找到它臀部的高度，只要将恐龙足迹的长度乘以4。足迹化石的长度是50厘米，这只恐龙的臀部有多高？

30 现在看看恐龙的步幅。这是它两脚间的距离，长度为2.5米。它的步幅是多少？

31 现在你知道了恐龙臀部的高度和步幅，就能算出它移动的速度。用步幅的长度除以臀部的高度，可以得到一个数字。对照这个图表，你的恐龙是在快跑、小跑还是走路？

恐龙的速度

	步幅长度除以臀部高度
走路	2以下
小跑	2—3
快跑	3以上

（第31页有小提示，可以帮你回答这些问题。）

现在你必须看看是否能用发现的化石拼出一副完整的骨架。

32 把这些骨头从恐龙的头部到尾巴按顺序排列。

肋骨

颈骨

前腿骨

头骨

尾骨

专家们利用恐龙的足迹了解它们的行为。一组脚印意味着恐龙独行，几组并排的足迹则表示恐龙成群结队地行走。

新的展览

你打算在博物馆里为甲龙做一些新的展览：一个展示恐龙时代的天气如何，另一个展示恐龙吃什么。

博物馆的游客想知道恐龙时代的天气如何，你要向他们展示如何制作气象图。

33 暴风雨有多少天？

天气	
第1天	☀
第2天	⛈
第3天	☁
第4天	⛈
第5天	☀
第6天	☁
第7天	☀

图例	
晴天	☀
多云	☁
暴风雨	⛈

恐龙时代没有草，但是有很多蕨类植物可以供植食性恐龙食用。

34 如果4只恐龙均分20棵蕨类植物，那么每只恐龙能得到多少棵蕨类植物？

（第31页有小提示，可以帮你回答这个问题。）

35 如果这群恐龙在1小时内吃了3米长的蕨类植物，它们在3小时内会吃多少米蕨类植物？

甲龙是一种盔甲恐龙，生活在6 700万年前。它的尾巴末端有尾锤，用来保护自己。

飞行

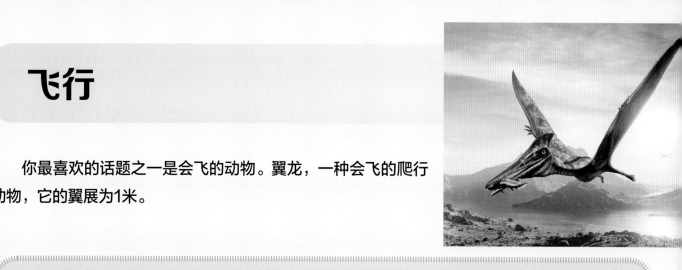

你最喜欢的话题之一是会飞的动物。翼龙，一种会飞的爬行动物，它的翼展为1米。

这张图表是翼龙体长和翼展的测量结果。

36 翼龙的体长和翼展相差多少？

37 翼龙每只翅膀上都有3个爪子，叫作翼爪，它用翼爪抓住树枝。它总共有多少个翼爪？

翼龙	
体长	50厘米
翼展	100厘米

38 翼龙吃小型动物和昆虫。这里有多少只昆虫？

39 有一种翼龙体重为300—500克，如果我们把它放在秤上，这两个读数中哪个是正确的？

A.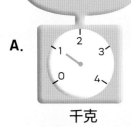
千克

B.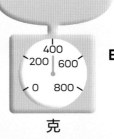
克

40 这只翼龙按顺时针方向转了 $\frac{1}{4}$ 圈。哪幅图是正确的？

A.

B.

C.

（第31页有小提示，可以帮你回答这些问题。）

克和千克是质量单位，科学家们用它们来计量质量。

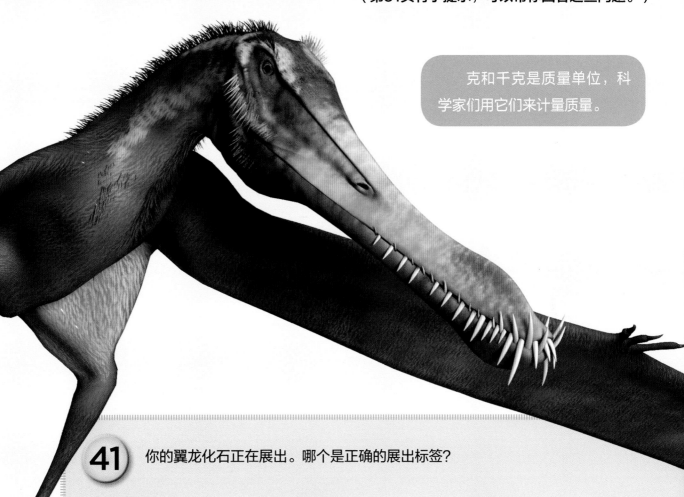

41 你的翼龙化石正在展出。哪个是正确的展出标签？

翼龙
生境：江河海洋
翼展：20厘米
体长：10厘米
A.

翼龙
生境：江河海洋
翼展：100厘米
体长：50厘米
B.

翼龙
生境：江河海洋
翼展：200厘米
体长：100厘米
C.

恐龙的父母

恐龙是会下蛋的。你决定做一个恐龙蛋巢的展览。

一些恐龙蛋非常大，高桥龙的蛋有足球那么大，至少有30厘米宽。

高桥龙在产蛋时，会把蛋排成一行。这些蛋并不是按顺序排列的，有一个不在其中。

10　9　13　1　3　7　5　2

8　12　4　6　**42** 少了哪一个?

43 如果你把高桥龙的蛋里装满水，大约可以装下2升，换算成毫升是多少?

（第31页有小提示，可以帮你回答这个问题。）

44 雌性高桥龙群居生活，它们一直守在蛋附近，直到幼崽孵化出来。每只雌性高桥龙一窝可产15—20个蛋。

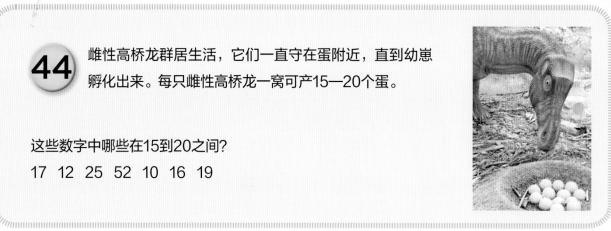

这些数字中哪些在15到20之间?
17　12　25　52　10　16　19

有些恐龙筑巢并卧在蛋上保持蛋的温度，就像今天的鸟类一样。窃
蛋龙就是其中之一。

45 看看这些孵化的恐龙蛋，找到能够拼出完整的蛋的碎片，两两配对。

A.　　　B.　　　　C.

D.

E.　　　　F.

G.　　　　H.

窃蛋龙体长大约2米，用两
条腿走路。

这是一个纪录吗？

请列出一份恐龙世界的纪录保持者的名单。

（第31页有小提示，可以帮助你理解这份名单。）

最长的恐龙

最长的恐龙十分巨大，它们吃植物，行动缓慢。阿根廷龙是最长的恐龙之一。

46 地震龙长35米，你认为它和下面哪个物体或物体组合的长度最接近？
A.一根跳绳　B.一辆公交车　C.3辆公交车

47 肉食性恐龙没有那么长，其中最长的是暴龙，它有12米长。你认为它和哪个物体或物体组合的长度最接近？
A.一根跳绳　B.一辆公交车　C.3辆公交车

最高的恐龙

最高的恐龙，如波塞东龙，有长长的脖子，它们可以够到高大树上的叶子。

48 波塞东龙大约有34米高。如果你和你的朋友们站在对方的肩膀上，直到和波塞东龙一样高，那么需要多少个孩子？5个，25个，或者100个？

最小的恐龙

小盗龙是最小的恐龙之一，这只恐龙只有 55—70厘米长，重约11千克。

49 哪一个可能和小盗龙一样重？

一个苹果　　　　　一条腊肠犬　　　　　一只靴子

有些肉食性恐龙非常小。迅猛龙大约有2米长，其中一半是它的尾巴。

在商店里

你为明天盛大的开幕式准备好了所有的展品。在回去的路上，你走进博物馆礼品店，看到了出售的昆虫模型。

博物馆里有一些属于恐龙时代的昆虫。昆虫被困在一种叫作树脂的来自树的黏性物质中，树脂变硬就成了琥珀。

一块琥珀展示了数千万年前被困住的昆虫。

50 这里有一些琥珀的立体模型，这些形状的名称是什么？

A.　　B.　　C.

恐龙玩具

商店也出售恐龙玩具。

A.

B.

C.

D.

腕龙 10元　　棘背龙 3元　　独角龙 5元　　暴龙 3元5角

51 一个塑料模型要3元5角。你给收银员4元。他应该找给你多少钱？

52 这些模型中哪种最贵？

（第31页有小提示，可以帮你回答这些问题。）

异特龙有12米长，虽然体形较小，但前肢比暴龙长。

53 看右边的海报。如果你在开幕日参观博物馆，你能省多少钱？

54 你带着2个朋友去参加开幕式，入场费加起来要多少钱？

55 你喜欢这个展览！你参加了开幕式，然后又去参观了2次，你一共付了多少钱？

与异特龙和其他恐龙的奇遇

门票　10元

开幕日入场券　8元

小提示

第7页

把数字按顺序排列： 把年份按顺序排列，先把它们换算为同一个单位，9 500万 = 0.95亿，再进行排列，找到年代最久远的。

第8页

减法： 如果我们从异特龙全身的长度中去掉尾巴的长度，我们就是在做减法。

分数： 分数是整体的一部分。如果我们将一个整体切割成2个相等的部分，那么每个部分都是 $\frac{1}{2}$（一半）；如果将它切成3个相等的部分，则每个部分都是 $\frac{1}{3}$（三分之一）；如果切成4个相等的部分，每个将是 $\frac{1}{4}$（四分之一）。

第10-11页

按顺序排列： 检查测量值单位是否相同，将它们全部更改为厘米。记住，1米等于100厘米。

测量长度： 当你使用尺子时，将刻度0放在正在测量的线的一端，然后，可以在另一端读取测量值。

第12-13页

米和厘米： 1米等于100厘米，0.5米等于50厘米。

行和列： 3行4列化石和4行3列化石的总和是相同的。

估算： 当你说出你认为图中有多少块菊石化石时，这是一个估算值。在做数学计算时，估算是有用的。

第14-15页

数字之间的关系： 要计算出数字的合适位置，可以考虑使用数轴。把数字按顺序排列，然后你就会看到它们的位置了。在这种情况下，你的数轴看起来像下面这个，所以只有两个数字符合你的数轴。

50	51	52	53	54	55	56	57	58	59	60

很多的3： 这些是3的倍数，要好好记住它们哟：

0 3 6 9 12 15 18 21 24 27 30 33 36……

第16-17页

量具： 为工作选择合适的量具是很重要的。记住量杯是用来测量液体体积的，秤是用来测量质量的，尺子和卷尺是测量高度、宽度和长度的工具。

偶数和奇数： 偶数是整数中能被2整除的数，如2、4、6、8……奇数是整数中不能被2整除的数，如1、3、5、7……

第18页

乘法和除法： 我们可以看看它们是如何联系在一起的：2×2.5＝5　5÷2＝2.5

第24页

升和毫升： 1升等于1 000毫升。

第21页

均分： 均分就是做除法。我们可以算出有多少人分割整体或者每部分的大小。这里指的是每只恐龙获得的蕨类植物的数量（每只恐龙可以吃到多少蕨类植物）。

第26-27页

最长的，最小的，最高的： 记住，当我们比较两件东西时，我们说更长、更小或更高；当我们比较3件或3件以上的东西时，我们说最长、最小或最高。这里我们比较了很多恐龙。

第23页

千克和克： 1千克等于1 000克。

顺时针方向： 时钟指针移动的方向。

$\frac{1}{4}$ 圈：一整圈有4个 $\frac{1}{4}$ 圈。

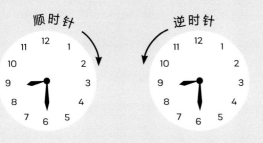

第28页

钱： 1元等于10角。

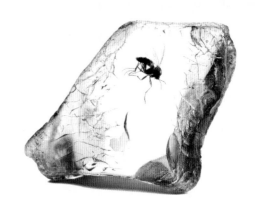

答案

第6-7页

1 6
2 白垩纪
3 板龙
4 15个2
5 2—3只

第8-9页

6 12
7 6米
8 $\frac{1}{3}$ 或三分之一
9 3升
10 22个石膏模型
11 右后

第10-11页

12 1米（100厘米）
13 髋骨，前腿骨，后腿骨
14 6.5厘米
15 4
16 7

第12-13页

17 A、B、E
18 60厘米
19 12
20 B
21 图表显示7块三叶虫化
石而不是6块

第14-15页

22 53和57
23 暴龙，三角龙，迷惑
龙，腕龙
24 10
25 15

第16-17页

26 A排-A6
B排-B6
C排-C25
27 A 尺子或卷尺
B 秤
C 卷尺
D 量杯
28 2，4，6，8，10，
12，14
1，3，5，7，9，
11，13

第18-19页

29 2米
30 2.5米
31 走路
32 头骨，颈骨，前腿骨，
肋骨，尾骨

第20-21页

33 2天
34 5棵
35 9米

第22-23页

36 相差50厘米
37 6个翼爪
38 16只昆虫
39 B
40 C
41 B标签

第24-25页

42 11
43 2000毫升
44 16、17和19
45 A和D B和E C和H
F和G

第26-27页

46 C
47 B
48 25个孩子
49 腊肠犬

第28-29页

50 A-球体 B-立方体
C-锥体
51 5角
52 A
53 2元
54 24元
55 28元